Hello, happy to see you here.
I'm BB, aka Bead Baby.

Practicing is the key to a better Abacus skill.

You can practice your abacus and mental math skills with all the exercise books we prepare for you.

Big Friends Exercises

Go! Go! Go!

Text and pictures copyright © 2019 by Sheena Chin & Yuenjo Fan

For information address PinGrow Media, contact@pingrow.com

ISBN-13: 978-1-949622-06-5

Visit www.pingrow.com

Formula + 1 = - 9 + 10 Exercises

1	2	3	4	5	6	7	8
9	19	29	39	59	69	79	89
1	1	1	1	1	1	1	1

1	2	3	4	5	6	7	8	9	10
2	3	5	8	7	6	4	1	12	13
7	6	4	1	2	3	5	8	7	6
1	1	1	1	1	1	1	1	1	1

Formula - 1 = - 10 + 9 Exercises

1	2	3	4	5	6	7	8
10	20	30	40	60	70	80	90
-1	-1	-1	-1	-1	-1	-1	-1

1	2	3	4	5	6	7	8	9	10
11	13	12	19	21	14	18	16	15	17
-1	-3	-2	-9	-1	-4	-8	-6	-5	-7
-1	-1	-1	-1	-1	-1	-1	-1	-1	-1

Big Friends +1, -1

1	2	3	4	5	6	7	8	9	10
12	13	11	16	12	16	13	17	15	18
5	1	6	2	6	3	5	1	4	1
2	5	2	1	1	1	1	1	1	1
1	1	1	1	1	1	1	1	2	4

11	12	13	14	15	16	17	18	19	20
22	23	24	29	23	22	23	27	21	28
2	5	5	1	6	7	5	1	6	1
5	1	1	2	1	1	1	1	2	1
1	3	4	-1	5	3	1	1	1	5

21	22	23	24	25	26	27	28	29	30
12	15	11	16	12	11	14	17	13	12
5	1	9	2	7	3	5	-1	-2	2
-7	-6	-1	-8	1	-4	-9	-6	-1	-4
-1	-1	-3	-1	-1	-1	-1	-1	-1	-1

31	32	33	34	35	36	37	38	39	40
22	23	20	26	24	26	23	27	25	28
6	1	-1	2	-4	-6	5	-7	4	-5
-8	-4	-2	-8	-1	-1	-8	-1	-9	-3
-1	-1	1	-1	-6	-5	-1	-2	-1	-1

Formula **+ 9 = - 1 + 10** Exercises

1	2	3	4	5	6	7	8
1	2	3	4	6	7	8	9
9	9	9	9	9	9	9	9

1	2	3	4	5	6	7	8	9	10
2	3	4	3	8	5	1	4	6	7
1	-2	-2	-1	-2	2	1	-3	1	1
9	9	9	9	9	9	9	9	9	9

Formula **- 9 = - 10 + 1** Exercises

1	2	3	4	5	6	7	8
10	11	12	13	16	17	18	20
-9	-9	-9	-9	-9	-9	-9	-9

1	2	3	4	5	6	7	8	9	10
10	11	12	13	14	16	17	18	12	11
1	-1	-1	-1	-2	-1	-1	-3	1	1
-9	-9	-9	-9	-9	-9	-9	-9	-9	-9

Big Friends +9, -9

1	2	3	4	5	6	7	8	9	10
12	13	11	16	12	16	13	17	15	18
5	9	9	2	6	3	9	9	4	9
9	5	2	9	1	9	1	1	9	1
1	1	1	1	9	1	9	9	2	9

11	12	13	14	15	16	17	18	19	20
22	23	24	29	23	22	23	27	21	28
2	9	5	9	6	9	5	9	9	1
9	1	9	9	9	1	9	1	2	9
1	9	1	1	1	9	1	9	9	1

21	22	23	24	25	26	27	28	29	30
12	15	11	16	12	11	14	17	13	12
5	-9	-9	2	-9	2	5	-1	-9	1
-9	-6	-1	-9	5	-9	-9	-9	-1	-9
-1	1	2	-1	-1	-1	-9	-1	-1	-1

31	32	33	34	35	36	37	38	39	40
22	23	20	26	24	26	23	27	25	28
6	-9	-9	-9	-4	-9	5	-9	2	-9
-9	-4	2	-7	-9	-1	-9	-1	-9	-3
-7	-9	-9	-9	-9	-9	-1	-9	-1	-9

Big Friends 1 & 9

1	2	3	4	5	6	7	8	9	10
5	7	8	9	8	5	1	9	7	13
1	-2	-3	-4	-2	1	5	1	-1	-2
9	1	11	2	9	12	10	3	9	-1
2	9	-9	9	4	-9	-9	-9	-9	-9

11	12	13	14	15	16	17	18	19	20
6	9	8	16	8	5	3	9	4	8
11	1	-3	2	-2	2	5	-3	-1	-2
-7	6	2	-8	3	2	1	12	10	9
-9	-9	9	-1	1	1	9	-9	-9	3

21	22	23	24	25	26	27	28	29	30
15	6	12	5	7	1	2	6	9	10
1	3	1	2	-2	9	2	9	-1	-9
-6	9	-3	9	3	9	9	-5	9	2
-1	1	-1	2	9	1	1	-1	2	9

Big Friends 1 & 9

1	2	3	4	5	6	7	8	9	10
1	3	6	5	9	4	8	2	11	7
5	6	2	3	1	9	1	5	-1	-2
9	-2	10	-2	6	-3	9	11	-9	11
-5	9	-8	9	3	-1	-8	-8	6	-6
-1	9	-1	4	-4	9	-9	-9	9	-9

11	12	13	14	15	16	17	18	19	20
11	10	2	5	3	4	7	1	6	9
6	-1	9	2	1	9	2	5	-1	1
9	9	-1	9	9	-3	11	9	12	3
-6	-8	-1	-6	-3	-9	-9	2	-7	9
-1	-1	9	-1	-9	1	3	9	-9	1

21	22	23	24	25	26	27	28	29	30
1	2	4	7	5	1	3	8	6	13
9	1	5	2	3	9	5	1	-1	-9
2	9	1	1	9	6	1	1	2	5
9	-2	-9	-1	-7	9	1	-9	9	1
-1	-1	-1	9	-1	1	1	-1	2	9

Big Friends 1 & 9

1	2	3	4	5	6	7	8	9	10
9	4	12	22	15	18	11	13	17	19
1	9	9	-9	4	-9	-9	6	-9	1
5	6	9	-9	1	1	7	1	1	-9
1	1	-1	-1	-9	5	1	-9	1	2

11	12	13	14	15	16	17	18	19	20
14	16	24	21	25	32	22	27	25	23
5	-9	9	9	-9	-9	9	2	-9	6
1	2	6	-1	-9	-9	9	1	3	1
-9	1	1	-8	1	5	-1	-9	1	-9

21	22	23	24	25	26	27	28	29	30
29	33	31	36	39	38	35	37	31	32
1	-9	8	-9	1	1	-5	-6	8	7
-9	-2	1	2	-9	1	-9	-9	1	1
-9	-9	-9	1	7	-9	2	1	-9	-9

Big Friends 1 & 9

1	2	3	4	5	6	7	8	9	10
40	34	31	35	43	24	28	12	22	32
-9	-12	9	-9	-9	9	1	9	-9	7
8	9	-19	-10	-13	-12	1	3	-3	1
1	9	2	9	9	9	-9	9	-9	-9
3	-1	1	-15	-1	-1	-10	-11	21	-21

11	12	13	14	15	16	17	18	19	20
23	16	35	46	48	22	18	69	79	30
9	3	-9	-19	-29	19	11	11	11	-19
9	9	-15	-17	11	-29	9	-21	-21	29
-11	-5	-9	-1	-19	9	-26	11	19	-19
-1	9	2	9	9	-1	9	-19	-29	-19

21	22	23	24	25	26	27	28	29	30
54	30	25	29	63	24	88	64	73	87
19	-11	-19	11	-52	19	-19	19	19	19
-59	21	29	-19	19	-22	11	-13	11	-91
29	-39	-15	59	-21	19	-21	-11	-91	23
-13	19	-11	-21	29	-11	31	21	29	-29

Formula **+ 2 = - 8 + 10** Exercises

1	2	3	4	5	6	7	8
8	18	28	38	9	19	29	39
2	2	2	2	2	2	2	2

1	2	3	4	5	6	7	8	9	10
2	3	7	6	5	2	3	11	11	12
6	5	1	2	4	7	6	7	8	6
2	2	2	2	2	2	2	2	2	2

Formula **- 2 = - 10 + 8** Exercises

1	2	3	4	5	6	7	8
10	20	30	40	11	21	31	41
-2	-2	-2	-2	-2	-2	-2	-2

1	2	3	4	5	6	7	8	9	10
10	11	12	13	14	16	17	18	19	20
1	-1	-1	-2	-3	-5	-6	-8	-9	1
-2	-2	-2	-2	-2	-2	-2	-2	-2	-2

Big Friends +2, -2

1	2	3	4	5	6	7	8	9	10
8	2	3	4	1	5	8	6	7	9
2	1	5	5	8	1	2	2	1	2
2	5	2	2	2	3	2	2	2	8
1	2	8	1	-1	2	8	2	3	-5

11	12	13	14	15	16	17	18	19	20
11	10	19	21	15	22	18	16	12	21
-2	-2	-9	-2	3	-1	-2	-6	-2	-2
-6	-1	-2	-3	-8	-2	-5	-2	-2	-8
1	2	1	1	-2	-5	-2	1	-2	-2

21	22	23	24	25	26	27	28	29	30
34	23	36	18	24	20	55	78	108	66
5	-2	-5	2	-3	-2	3	2	2	3
2	-2	-2	8	-2	-5	2	4	3	2
-1	-3	-7	2	-7	1	2	5	-1	5

Formula **+ 8 = - 2 + 10** Exercises

1	2	3	4	5	6	7	8
2	3	4	7	8	9	12	17
8	8	8	8	8	8	8	8

1	2	3	4	5	6	7	8	9	10
2	3	4	3	8	5	1	4	12	11
1	1	-2	-1	1	2	1	-1	1	1
8	8	8	8	8	8	8	8	8	8

Formula **- 8 = - 10 + 2** Exercises

1	2	3	4	5	6	7	8
10	11	12	17	20	21	22	27
-8	-8	-8	-8	-8	-8	-8	-8

1	2	3	4	5	6	7	8	9	10
10	11	12	13	14	16	17	18	12	11
2	-1	-1	-1	-2	-1	-1	-3	-1	1
-8	-8	-8	-8	-8	-8	-8	-8	-8	-8

Big Friends +8, -8

1	2	3	4	5	6	7	8	9	10
7	3	2	1	4	5	6	8	9	2
8	8	8	3	8	2	3	8	8	1
2	3	2	8	8	8	8	-5	-2	8
8	8	8	1	5	2	-2	2	1	3

11	12	13	14	15	16	17	18	19	20
11	5	6	27	22	11	21	25	36	12
-8	11	10	-8	-8	1	5	-8	-6	-8
1	-8	-8	-4	-3	-8	-8	-8	-8	-1
-2	-1	-2	-8	-8	-3	-2	-4	1	5

21	22	23	24	25	26	27	28	29	30
41	22	11	32	14	63	12	45	20	33
-8	8	-8	8	8	8	-8	-8	-8	8
-1	11	1	5	-2	-1	5	-5	-8	5
8	-8	8	-8	-8	-8	8	8	5	-8

Big Friends 2 & 8

1	2	3	4	5	6	7	8	9	10
2	10	3	11	5	8	6	12	7	1
8	-2	1	-8	2	2	1	-8	2	8
8	1	8	1	8	1	8	5	2	8
2	8	-8	8	3	-8	1	8	8	8

11	12	13	14	15	16	17	18	19	20
9	1	11	4	2	10	3	5	8	7
8	3	-2	8	1	-8	8	4	1	8
1	8	8	6	8	6	6	2	2	-5
-3	5	1	-3	5	2	-8	-1	-1	-2

21	22	23	24	25	26	27	28	29	30
6	3	5	4	1	8	2	7	12	9
2	8	3	8	7	8	8	1	5	-2
8	-2	8	-2	8	-6	7	8	-8	8
-1	-1	-1	-8	-6	-2	-8	-6	2	3

Big Friends 2 & 8

1	2	3	4	5	6	7	8	9	10
2	1	3	5	9	4	6	8	10	7
1	2	8	3	-6	-2	3	2	-2	-5
8	8	-1	2	8	8	2	6	8	8
-1	-2	-2	-8	-2	1	-8	2	3	8
-2	-3	8	6	-2	-2	1	2	2	2

11	12	13	14	15	16	17	18	19	20
2	9	3	4	7	1	6	5	8	6
8	-7	5	5	8	1	11	3	-6	-5
7	8	-6	2	-5	8	-8	8	8	10
-6	-2	8	-8	1	-2	2	-6	-2	-2
-2	1	-2	1	-2	-6	5	-2	-1	8

21	22	23	24	25	26	27	28	29	30
9	1	5	7	2	8	6	3	13	4
8	8	2	1	2	8	3	1	-2	-3
8	2	8	2	8	-6	8	8	-8	10
-5	-8	3	-8	6	-2	1	6	6	-2
-2	1	8	2	-3	1	2	2	8	-3

Big Friends 1, 9 & 2, 8

1	2	3	4	5	6	7	8	9	10
9	2	5	3	6	1	4	7	13	8
1	9	2	8	11	9	8	9	6	2
8	-8	9	-9	-9	-2	-9	-8	1	-1
2	5	-8	2	2	8	5	2	-8	8

11	12	13	14	15	16	17	18	19	20
1	8	2	5	7	3	9	4	6	2
2	-6	8	1	8	9	-7	9	-5	11
9	8	-9	9	-9	-8	8	8	9	8
-8	-9	6	-8	2	5	-1	-2	-8	-9

21	22	23	24	25	26	27	28	29	30
6	9	15	2	4	7	3	1	8	5
9	9	-8	1	-2	-6	8	1	2	2
-8	8	9	8	8	9	-9	8	-9	8
-5	-6	-8	-9	-1	-2	8	-1	6	-9

Big Friends 1, 9 & 2, 8

1	2	3	4	5	6	7	8	9	10
3	2	6	5	9	1	4	7	8	13
9	8	2	2	9	9	9	9	-1	-9
8	-9	8	9	2	7	8	-8	8	8
-2	6	9	-8	-8	8	-1	2	-9	-2
9	8	-5	2	1	-9	-2	-9	3	-2

11	12	13	14	15	16	17	18	19	20
9	10	4	7	2	8	1	3	5	6
1	-2	8	8	1	8	8	5	1	3
-2	9	8	-9	9	-9	2	2	9	8
8	-8	-9	12	-8	8	-9	-8	-8	-9
-6	1	-9	-9	-2	-9	2	9	2	8

21	22	23	24	25	26	27	28	29	30
12	3	1	9	6	4	7	2	5	8
8	5	1	8	2	-1	-5	9	3	2
-9	9	9	-7	8	8	8	-8	9	-1
-9	-8	-8	-1	-9	-9	-1	5	-8	2
1	1	9	2	8	8	9	9	1	-1

Formula **+ 3 = - 7 + 10** Exercises

1	2	3	4	5	6	7	8
7	8	9	17	18	19	27	28
3	3	3	3	3	3	3	3

1	2	3	4	5	6	7	8	9	10
2	3	4	1	2	5	3	8	7	2
5	5	5	6	6	2	6	1	1	7
3	3	3	3	3	3	3	3	3	3

Formula **- 3 = - 10 + 7** Exercises

1	2	3	4	5	6	7	8
10	11	12	20	21	22	30	31
-3	-3	-3	-3	-3	-3	-3	-3

1	2	3	4	5	6	7	8	9	10
10	11	12	13	14	16	17	18	12	11
2	-1	-1	-1	-2	-5	-5	-6	-2	1
-3	-3	-3	-3	-3	-3	-3	-3	-3	-3

Big Friends + 3, - 3

1	2	3	4	5	6	7	8	9	10
7	5	4	12	11	5	16	18	17	2
3	2	5	-3	-3	3	-5	-6	3	6
2	3	3	-6	1	3	-3	-3	1	3
-1	3	2	1	-5	3	1	-5	-3	2

11	12	13	14	15	16	17	18	19	20
23	15	7	27	42	31	40	32	3	2
5	13	13	13	-23	-3	-3	-13	5	6
3	13	-3	-23	13	13	-15	3	3	3
-1	-21	1	3	11	-33	-13	5	5	3

21	22	23	24	25	26	27	28	29	30
37	25	22	26	32	67	72	27	122	127
3	12	16	3	-23	13	-13	3	-13	13
-23	3	3	13	13	-23	23	-13	23	-23
13	-33	-23	-33	-3	3	-13	3	-13	13

Formula **+ 7 = - 3 + 10** Exercises

1	2	3	4	5	6	7	8
3	8	9	13	18	19	23	28
7	7	7	7	7	7	7	7

1	2	3	4	5	6	7	8	9	10
3	3	4	1	3	2	1	2	2	8
5	6	5	2	1	2	7	6	7	1
7	7	7	7	7	7	7	7	7	7

Formula **- 7 = - 10 + 3** Exercises

1	2	3	4	5	6	7	8
10	11	15	16	20	21	25	26
-7	-7	-7	-7	-7	-7	-7	-7

1	2	3	4	5	6	7	8	9	10
10	11	12	13	14	16	17	16	17	18
1	-1	-1	-2	-3	-5	-7	-1	-1	-3
-7	-7	-7	-7	-7	-7	-7	-7	-7	-7

Big Friends + 7, - 7

1	2	3	4	5	6	7	8	9	10
3	4	21	10	11	15	2	3	2	1
7	7	-7	-7	-7	-7	1	1	2	3
3	7	-3	5	15	11	7	7	7	7
7	7	-7	7	7	7	2	-1	2	2

11	12	13	14	15	16	17	18	19	20
19	28	20	23	30	31	38	39	30	38
17	17	-17	17	-17	-17	7	7	8	-17
-7	-27	27	-27	27	27	-17	-27	7	-17
17	7	7	7	-17	-7	7	17	-27	27

21	22	23	24	25	26	27	28	29	30
40	41	46	58	69	86	71	66	108	128
-27	-17	-17	17	17	-27	-7	-7	17	17
17	7	7	-7	-27	17	17	17	-7	-27
-7	-17	-17	-17	7	-7	-27	-11	27	7

Big Friends 3 & 7

1	2	3	4	5	6	7	8	9	10
2	10	3	11	5	8	6	12	7	1
8	-2	1	-8	2	2	1	-8	2	8
8	1	8	1	8	1	8	5	2	8
2	8	-8	8	3	-8	1	8	8	8

11	12	13	14	15	16	17	18	19	20
9	1	11	4	2	10	3	5	8	7
8	3	-2	8	1	-8	8	4	1	8
1	8	8	6	8	6	6	2	2	-5
-3	5	1	-3	5	2	-8	-1	-1	-2

21	22	23	24	25	26	27	28	29	30
6	3	5	4	1	8	2	7	12	9
2	8	3	8	7	8	8	1	5	-2
8	-2	8	-2	8	-6	7	8	-8	8
-1	-1	-1	-8	-6	-2	-8	-6	2	3

Big Friends 3 & 7

1	2	3	4	5	6	7	8	9	10
1	9	6	4	7	8	5	2	3	11
2	-1	2	7	2	7	13	1	7	-7
7	7	7	-3	3	-5	7	7	8	5
-3	-5	1	1	-1	-3	-5	-3	7	7
2	-3	-7	7	-7	1	-3	1	1	-1

11	12	13	14	15	16	17	18	19	20
6	4	7	5	3	9	1	8	2	10
3	5	1	3	1	7	7	1	2	-3
7	3	7	7	7	-5	7	7	7	2
-5	-1	3	-5	-3	-3	3	-5	-3	7
-3	-7	3	-3	1	7	7	-3	7	-1

21	22	23	24	25	26	27	28	29	30
9	3	8	4	2	6	5	7	1	10
3	7	-2	7	6	10	4	-6	10	-7
-2	5	3	1	7	-7	7	3	-3	6
-7	-7	7	-3	-5	3	-5	7	7	7
1	-2	-6	-5	-3	-1	-3	-3	-5	-1

Big Friends 1, 9 & 2, 8 & 3, 7

1	2	3	4	5	6	7	8	9	10
3	7	1	2	5	9	4	8	6	7
8	8	9	2	1	3	7	3	9	-5
-7	-9	-7	7	9	-8	-8	-9	-8	9
9	2	8	-2	-8	-1	7	6	3	-7

11	12	13	14	15	16	17	18	19	20
8	5	9	6	7	3	4	2	1	8
-2	2	8	-5	-1	7	8	6	7	8
3	3	-6	9	9	-2	-9	7	8	-7
3	-1	-7	-3	-8	3	7	-9	-9	8

21	22	23	24	25	26	27	28	29	30
3	4	7	2	8	1	5	4	6	9
1	-2	-5	8	-1	3	4	-1	2	7
8	9	8	-1	3	7	3	7	2	-8
-9	-7	-3	3	-9	-2	-9	-2	-7	-6

Big Friends 1, 9 & 2, 8 & 3, 7

1	2	3	4	5	6	7	8	9	10
5	2	8	3	1	6	7	9	4	3
4	1	9	7	5	2	2	-6	9	8
1	9	-6	-1	9	7	2	7	-3	-7
-3	-8	-7	7	-8	-8	-8	-2	-1	8
8	7	9	-8	-2	9	5	9	8	-9

11	12	13	14	15	16	17	18	19	20
9	6	4	7	5	8	3	4	1	2
7	9	6	-6	3	8	9	8	7	5
-8	-7	-2	9	7	9	-8	-9	7	9
7	8	7	-3	-9	-7	7	7	-8	-7
-8	-6	-8	9	2	8	-8	-1	9	8

21	22	23	24	25	26	27	28	29	30
3	5	2	4	6	7	1	9	4	8
5	1	6	-2	1	-1	8	-1	-3	7
8	9	7	9	8	9	7	7	9	-9
9	-7	-8	-7	-9	-8	2	-8	-7	2
-7	8	9	8	-1	2	8	9	9	7

Formula + 4 = - 6 + 10 Exercises

1	2	3	4	5	6	7	8
6	7	8	9	16	17	18	19
4	4	4	4	4	4	4	4

1	2	3	4	5	6	7	8	9	10
2	3	3	5	9	6	8	7	6	5
5	6	5	4	-1	2	1	2	1	1
4	4	4	4	4	4	4	4	4	4

Formula - 4 = - 10 + 6 Exercises

1	2	3	4	5	6	7	8
10	11	12	13	20	21	22	23
-4	-4	-4	-4	-4	-4	-4	-4

1	2	3	4	5	6	7	8	9	10
10	11	12	13	14	16	17	18	14	19
1	-1	-1	-2	-4	-5	-5	-6	-2	-6
-4	-4	-4	-4	-4	-4	-4	-4	-4	-4

Big Friends +4, -4

1	2	3	4	5	6	7	8	9	10
2	12	3	11	5	1	6	5	10	7
5	-4	6	2	3	11	2	4	2	4
4	1	4	-4	4	-4	4	4	-4	2
2	-5	-2	-4	-2	-5	-1	-3	-1	-3

11	12	13	14	15	16	17	18	19	20
2	6	5	13	27	12	22	26	33	17
11	4	4	-4	4	1	-4	14	-14	14
-4	2	4	-3	-11	-4	-6	-24	24	-4
-4	5	5	2	-4	14	-4	4	-14	2

21	22	23	24	25	26	27	28	29	30
19	36	18	24	66	58	91	86	122	116
4	4	14	-3	24	4	-24	4	-14	24
-14	-14	-4	-4	-34	11	4	-34	24	-14
-3	4	-6	24	4	-14	6	14	-14	4

Formula + 6 = - 4 + 10 Exercises

1	2	3	4	5	6	7	8
4	9	14	19	24	29	34	39
6	6	6	6	6	6	6	6

1	2	3	4	5	6	7	8	9	10
4	5	3	6	2	3	1	7	8	1
5	4	6	3	2	1	3	2	1	8
6	6	6	6	6	6	6	6	6	6

Formula - 6 = - 10 + 4 Exercises

1	2	3	4	5	6	7	8
10	15	20	25	30	35	40	45
-6	-6	-6	-6	-6	-6	-6	-6

1	2	3	4	5	6	7	8	9	10
10	16	17	13	14	16	17	18	12	11
5	-1	-2	-3	-4	-6	-7	-3	-2	-1
-6	-6	-6	-6	-6	-6	-6	-6	-6	-6

Big Friends +6, -6

1	2	3	4	5	6	7	8	9	10
4	15	6	16	9	5	1	7	12	10
6	-6	3	-6	6	10	3	2	-2	5
4	-6	6	-6	4	-6	6	6	-6	-6
6	1	-5	10	6	-3	2	3	-1	-1

11	12	13	14	15	16	17	18	19	20
26	22	25	19	18	15	11	21	35	30
-6	12	4	16	11	10	13	3	-16	-16
-6	6	16	-6	16	-16	16	6	26	26
5	-16	-26	-7	-26	26	-36	-16	-6	-16

21	22	23	24	25	26	27	28	29	30
13	75	24	17	55	23	14	124	111	125
11	-6	16	12	14	11	16	16	13	-16
6	26	-26	16	6	6	-6	-36	6	26
-26	-16	6	-6	-16	-26	-12	6	-16	3

Big Friend 4 & 6

1	2	3	4	5	6	7	8	9	10
4	2	9	1	5	7	3	8	6	10
6	2	4	3	1	4	6	4	2	-4
-4	6	-3	6	4	-1	6	-2	4	3
1	-4	-6	-4	-6	-6	-5	-6	2	6

11	12	13	14	15	16	17	18	19	20
5	8	14	7	2	6	1	4	3	9
4	1	6	-1	6	4	7	5	5	6
4	4	-4	4	4	7	4	6	4	-5
5	-2	3	-6	7	4	6	2	5	-4

21	22	23	24	25	26	27	28	29	30
6	1	13	5	3	8	2	9	4	7
3	15	-4	3	1	-2	7	-2	-2	2
4	4	6	4	6	4	6	4	6	4
1	-6	-5	-2	-4	-6	2	5	4	-3

Big Friend 4 & 6

1	2	3	4	5	6	7	8	9	10
6	4	1	5	8	3	7	2	9	10
4	6	7	3	4	6	1	6	-2	-4
6	4	4	4	-2	6	4	4	4	3
4	6	-2	6	-6	-5	5	6	-1	6
6	4	-6	4	5	-4	4	4	-6	2

11	12	13	14	15	16	17	18	19	20
3	5	7	6	9	2	4	8	1	16
5	1	-1	2	4	5	5	1	3	4
4	4	4	4	-3	4	6	4	6	-6
-2	-6	8	-2	-6	-1	2	5	-4	5
-6	5	4	-6	5	-6	4	4	1	4

21	22	23	24	25	26	27	28	29	30
9	4	2	3	8	5	1	7	6	14
6	10	2	1	-2	2	5	2	3	6
2	6	6	6	4	4	4	4	6	-4
4	-4	-4	-4	-6	-1	-6	-3	-5	2
5	2	3	1	5	-6	-2	-6	-4	4

Big Friends 1, 2, 3, 4, 5, 6, 7, 8, 9

1	2	3	4	5	6	7	8	9	10
8	3	5	7	2	9	4	1	6	2
2	7	2	9	9	6	7	9	2	8
-1	-6	9	-8	-7	-5	-3	-4	7	-4
6	8	-7	7	6	-2	2	9	-9	9

11	12	13	14	15	16	17	18	19	20
4	2	6	8	5	1	3	7	9	2
6	5	9	9	4	7	8	2	7	2
-1	3	-8	9	6	7	-1	6	9	6
6	-6	9	-7	-9	-6	-4	-8	-8	-4

21	22	23	24	25	26	27	28	29	30
7	5	3	4	9	6	2	1	8	5
8	1	9	8	6	3	7	8	4	3
-6	4	8	-9	-7	6	4	4	-8	2
7	-6	-4	7	8	-9	-9	7	6	-4

Big Friends 1, 2, 3, 4, 5, 6, 7, 8, 9

1	2	3	4	5	6	7	8	9	10
7	3	6	1	8	2	4	9	5	3
3	8	4	5	4	8	6	4	2	9
-4	-7	-7	4	-9	-6	-7	7	9	-8
9	6	8	-6	7	7	8	-4	-8	6
-6	-4	-9	9	-4	9	-9	9	7	-4

11	12	13	14	15	16	17	18	19	20
4	5	7	2	1	3	6	8	9	4
7	4	9	2	6	8	3	7	3	5
9	6	-8	6	8	5	4	-9	8	3
-6	-8	7	-8	-5	4	7	4	-4	-8
8	9	-8	9	-4	-6	-9	-6	-7	7

21	22	23	24	25	26	27	28	29	30
1	6	3	8	5	9	2	7	4	2
9	3	6	9	3	9	1	3	6	9
-6	8	2	8	7	-7	7	-6	-8	9
7	-7	-7	-6	-6	9	-4	7	9	-6
-8	6	6	3	4	-6	9	-9	-7	7

Big Friends 1, 2, 3, 4, 5, 6, 7, 8, 9

1	2	3	4	5	6	7	8	9	10
5	8	3	6	4	2	9	7	1	4
5	2	7	9	5	8	-5	9	2	8
-6	-5	-5	-7	-4	5	6	-1	7	-5
7	1	2	2	5	5	-5	5	-5	8
-8	4	3	-5	-1	-6	2	-4	3	-7

11	12	13	14	15	16	17	18	19	20
7	4	1	8	3	6	2	5	9	8
5	5	5	-3	5	5	1	3	-7	5
8	5	9	5	5	9	7	2	8	-9
-9	6	-6	-4	7	-8	-5	-5	-5	7
-5	-5	5	5	-5	-8	2	4	3	-4

21	22	23	24	25	26	27	28	29	30
5	8	2	4	7	1	5	3	1	9
1	-2	9	6	8	7	2	9	6	-6
4	4	-5	-3	5	5	5	6	3	7
-7	-5	4	5	-6	7	-8	5	-5	-5
8	3	-5	-8	8	-4	6	-4	1	4

Answer Key

Formula + 1 = - 9 + 10 p.2

1	2	3	4	5	6	7	8		
10	20	30	40	60	70	80	90		
1	2	3	4	5	6	7	8	9	10
10	10	10	10	10	10	10	10	20	20

Formula − 1 = - 10 + 9 p.2

1	2	3	4	5	6	7	8		
9	19	29	39	59	69	79	89		
1	2	3	4	5	6	7	8	9	10
9	9	9	9	19	9	9	9	9	9

Big Friends + 1, - 1 p.3

1	2	3	4	5	6	7	8	9	10
20	20	20	20	20	21	20	20	22	24
11	12	13	14	15	16	17	18	19	20
30	32	34	31	35	33	30	30	30	35
21	22	23	24	25	26	27	28	29	30
9	9	16	9	19	9	9	9	9	9
31	32	33	34	35	36	37	38	39	40
19	19	18	19	13	14	19	17	19	19

Formula + 9 = -1 + 10 p.4

1	2	3	4	5	6	7	8		
10	11	12	13	15	16	17	18		
1	2	3	4	5	6	7	8	9	10
12	10	11	11	15	16	11	10	16	17

Formula − 9 = - 10 + 1 p.4

1	2	3	4	5	6	7	8		
1	2	3	4	7	8	9	11		
1	2	3	4	5	6	7	8	9	10
2	1	2	3	3	6	7	6	4	3

Big Friends + 9, - 9 p.5

1	2	3	4	5	6	7	8	9	10
27	28	23	28	28	29	32	36	30	37
11	12	13	14	15	16	17	18	19	20
34	42	39	48	39	41	38	46	41	39
21	22	23	24	25	26	27	28	29	30
7	1	3	8	7	3	1	6	2	3
31	32	33	34	35	36	37	38	39	40
12	1	4	1	2	7	18	8	17	7

Big Friends 1 & 9 p.6

1	2	3	4	5	6	7	8	9	10
17	15	7	16	19	9	7	4	6	1
11	12	13	14	15	16	17	18	19	20
1	7	16	9	10	10	18	9	4	18
21	22	23	24	25	26	27	28	29	30
9	19	9	18	17	20	14	9	19	12

Big Friends 1 & 9 p.7

1	2	3	4	5	6	7	8	9	10
9	25	9	19	15	18	1	1	16	1
11	12	13	14	15	16	17	18	19	20
19	9	18	9	1	2	14	26	1	23
21	22	23	24	25	26	27	28	29	30
20	9	0	18	9	26	11	0	18	19

Big Friends 1 & 9 p.8

1	2	3	4	5	6	7	8	9	10
16	20	29	3	11	15	10	11	10	13
11	12	13	14	15	16	17	18	19	20
11	10	40	21	8	19	39	21	20	21
21	22	23	24	25	26	27	28	29	30
12	13	31	30	38	31	23	23	31	31

Big Friends 1 & 9 p.9

1	2	3	4	5	6	7	8	9	10
43	39	24	10	29	29	11	22	22	10
11	12	13	14	15	16	17	18	19	20
29	32	4	18	20	20	21	51	59	2
21	22	23	24	25	26	27	28	29	30
30	20	9	59	38	29	90	80	41	9

Formula + 2 = - 8 + 10 p.10

1	2	3	4	5	6	7	8		
10	20	30	40	11	21	31	41		
1	2	3	4	5	6	7	8	9	10
10	10	10	10	11	11	11	20	21	20

Formula − 2 = - 10 + 8 p. 10

1	2	3	4	5	6	7	8		
8	18	28	38	9	19	29	39		
1	2	3	4	5	6	7	8	9	10
9	8	9	9	9	9	9	8	8	19

Big Friends + 2, - 2 p.11

1	2	3	4	5	6	7	8	9	10
13	10	18	12	10	11	20	12	13	14
11	12	13	14	15	16	17	18	19	20
4	9	9	17	8	14	9	9	6	9
21	22	23	24	25	26	27	28	29	30
40	16	22	30	12	14	62	89	112	76

Formula + 8 = - 2 + 10 p.12

1	2	3	4	5	6	7	8	9	10
10	11	12	15	16	17	20	25		
1	2	3	4	5	6	7	8	9	10
11	12	10	10	17	15	10	11	21	20

Formula − 8 = - 10 + 2 p. 12

1	2	3	4	5	6	7	8	9	10
2	3	4	9	12	13	14	19		
1	2	3	4	5	6	7	8	9	10
4	2	3	4	4	7	8	7	3	4

Big Friends + 8, - 8 p.13

1	2	3	4	5	6	7	8	9	10
25	22	20	13	25	17	15	13	16	14
11	12	13	14	15	16	17	18	19	20
2	7	6	7	3	1	16	5	23	8
21	22	23	24	25	26	27	28	29	30
40	33	12	37	12	62	17	40	9	38

Big Friends 2 & 8 p.14

1	2	3	4	5	6	7	8	9	10
20	17	4	12	18	3	16	17	19	25
11	12	13	14	15	16	17	18	19	20
15	17	18	15	16	10	9	10	10	8
21	22	23	24	25	26	27	28	29	30
15	8	15	2	10	8	9	10	11	18

Big Friends 2 & 8 p.15

1	2	3	4	5	6	7	8	9	10
8	6	16	8	7	9	4	20	21	20
11	12	13	14	15	16	17	18	19	20
9	9	8	4	9	2	16	8	7	17
21	22	23	24	25	26	27	28	29	30
18	4	26	4	15	9	20	20	17	6

Big Friends 1, 9 & 2, 8 p.16

1	2	3	4	5	6	7	8	9	10
20	8	8	4	10	16	8	10	12	17
11	12	13	14	15	16	17	18	19	20
4	1	7	7	8	9	9	19	2	12
21	22	23	24	25	26	27	28	29	30
2	20	8	2	9	8	10	9	7	6

Big Friends 1, 9 & 2, 8 p.17

1	2	3	4	5	6	7	8	9	10
27	15	20	10	13	16	18	1	9	8
11	12	13	14	15	16	17	18	19	20
10	10	2	9	2	6	4	11	9	16
21	22	23	24	25	26	27	28	29	30
3	10	12	11	15	10	18	17	10	10

Formula + 3 = - 7 + 10 p.18

1	2	3	4	5	6	7	8		
10	11	12	20	21	22	30	31		
1	2	3	4	5	6	7	8	9	10
10	11	12	10	11	10	12	12	11	12

Formula − 3 = - 10 + 7 p. 18

1	2	3	4	5	6	7	8		
7	8	9	17	18	19	27	28		
1	2	3	4	5	6	7	8	9	10
9	7	8	9	9	8	9	9	7	9

Big Friends + 3, - 3 p.19

1	2	3	4	5	6	7	8	9	10
11	13	14	4	4	14	9	4	18	13
11	12	13	14	15	16	17	18	19	20
30	20	18	20	43	8	9	27	16	14
21	22	23	24	25	26	27	28	29	30
30	7	18	9	19	60	69	20	119	130

Formula + 7 = - 3 + 10 p. 20

1	2	3	4	5	6	7	8		
10	15	16	20	25	26	30	35		
1	2	3	4	5	6	7	8	9	10
15	16	16	10	11	11	15	15	16	16

Formula – 7 = - 10 + 3 p.20

1	2	3	4	5	6	7	8		
3	4	8	9	13	14	18	19		
1	2	3	4	5	6	7	8	9	10
4	3	4	4	4	4	3	8	9	8

Big Friends + 7, - 7 p. 21

1	2	3	4	5	6	7	8	9	10
20	25	4	15	26	26	12	10	13	13
11	12	13	14	15	16	17	18	19	20
46	25	37	20	23	34	35	36	18	31
21	22	23	24	25	26	27	28	29	30
23	14	19	51	66	69	54	65	145	125

Big Friends 3 & 7 p.22

1	2	3	4	5	6	7	8	9	10
20	20	7	3	4	4	9	7	20	8
11	12	13	14	15	16	17	18	19	20
8	3	3	13	10	9	10	7	14	16
21	22	23	24	25	26	27	28	29	30
13	14	18	7	10	25	12	3	4	11

Big Friends 3 & 7 p.23

1	2	3	4	5	6	7	8	9	10
9	7	9	16	4	8	17	8	26	15
11	12	13	14	15	16	17	18	19	20
8	4	21	7	9	15	25	8	15	15
21	22	23	24	25	26	27	28	29	30
4	6	10	4	7	11	8	8	10	15

Big Friends 1, 9 & 2, 8 & 3, 7 p.24

1	2	3	4	5	6	7	8	9	10
13	8	11	9	7	3	10	8	10	4
11	12	13	14	15	16	17	18	19	20
12	9	4	7	7	11	10	6	7	17
21	22	23	24	25	26	27	28	29	30
3	4	7	12	1	9	3	8	3	2

Big Friends 1, 9 & 2, 8 & 3, 7 p.25

1	2	3	4	5	6	7	8	9	10
15	11	13	8	5	16	8	17	17	3
11	12	13	14	15	16	17	18	19	20
7	10	7	16	8	26	3	9	16	17
21	22	23	24	25	26	27	28	29	30
18	16	16	12	5	9	26	16	12	15

Formula + 4 = - 6 + 10 p.26

1	2	3	4	5	6	7	8		
10	11	12	13	20	21	22	23		
1	2	3	4	5	6	7	8	9	10
11	13	12	13	12	12	13	13	11	10

Formula – 4 = - 10 + 6 p. 26

1	2	3	4	5	6	7	8		
6	7	8	9	16	17	18	19		
1	2	3	4	5	6	7	8	9	10
7	6	7	7	6	7	8	8	8	9

Big Friends + 4, - 4 p.27

1	2	3	4	5	6	7	8	9	10
13	4	11	5	10	3	11	10	7	10
11	12	13	14	15	16	17	18	19	20
5	17	18	8	16	23	8	20	29	29
21	22	23	24	25	26	27	28	29	30
6	30	22	41	60	59	77	70	118	130

Formula + 6 = - 4 + 10 p.28

1	2	3	4	5	6	7	8		
10	15	20	25	30	35	40	45		
1	2	3	4	5	6	7	8	9	10
15	15	15	15	10	10	10	15	15	15

Formula – 6 = - 10 + 4 p.28

1	2	3	4	5	6	7	8		
4	9	14	19	24	29	34	39		
1	2	3	4	5	6	7	8	9	10
9	9	9	4	4	4	4	9	4	4

Big Friends + 6, - 6 p. 29

1	2	3	4	5	6	7	8	9	10
20	4	10	14	25	6	12	18	3	8
11	12	13	14	15	16	17	18	19	20
19	24	19	22	19	35	4	14	39	24
21	22	23	24	25	26	27	28	29	30
4	79	20	39	59	14	12	110	114	138

Big Friends 4 & 6 p.30

1	2	3	4	5	6	7	8	9	10
7	6	4	6	4	4	10	4	14	15
11	12	13	14	15	16	17	18	19	20
18	11	19	4	19	21	18	17	17	6
21	22	23	24	25	26	27	28	29	30
14	14	10	10	6	4	17	16	12	10

Big Friends 4 & 6 p.31

1	2	3	4	5	6	7	8	9	10
26	24	4	22	9	6	21	22	4	17
11	12	13	14	15	16	17	18	19	20
4	9	22	4	9	4	21	22	7	23
21	22	23	24	25	26	27	28	29	30
26	18	9	7	9	4	2	4	6	22

Big Friends 1, 2, 3, 4, 5, 6, 7, 8, 9 p.32

1	2	3	4	5	6	7	8	9	10
15	12	9	15	10	8	10	15	6	15
11	12	13	14	15	16	17	18	19	20
15	4	16	19	6	9	6	7	17	6
21	22	23	24	25	26	27	28	29	30
16	4	16	10	16	6	4	20	10	6

Big Friends 1, 2, 3, 4, 5, 6, 7, 8, 9 p.33

1	2	3	4	5	6	7	8	9	10
9	6	2	13	6	20	2	25	15	6
11	12	13	14	15	16	17	18	19	20
22	16	7	11	6	14	11	4	9	11
21	22	23	24	25	26	27	28	29	30
3	16	10	22	13	14	15	2	4	21

Big Friends 1, 2, 3, 4, 5, 6, 7, 8, 9 p. 34

1	2	3	4	5	6	7	8	9	10
3	10	10	5	9	14	7	16	8	8
11	12	13	14	15	16	17	18	19	20
6	15	14	11	15	4	7	9	8	7
21	22	23	24	25	26	27	28	29	30
11	8	5	4	22	16	10	19	6	9

Big Friends

+ 1 = - 9 + 10	- 1 = - 10 + 9
+ 2 = - 8 + 10	- 2 = - 10 + 8
+ 3 = - 7 + 10	- 3 = - 10 + 7
+ 4 = - 6 + 10	- 4 = - 10 + 6
+ 5 = - 5 + 10	- 5 = - 10 + 5
+ 6 = - 4 + 10	- 6 = - 10 + 4
+ 7 = - 3 + 10	- 7 = - 10 + 3
+ 8 = - 2 + 10	- 8 = - 10 + 2
+ 9 = - 1 + 10	- 9 = - 10 + 1

Little Friends

+ 1 = + 5 – 4	- 1 = - 5 + 4
+ 2 = + 5 – 3	- 2 = - 5 + 3
+ 3 = + 5 – 2	- 3 = - 5 + 2
+ 4 = + 5 – 1	- 4 = - 5 + 1

Mixed Friends

+ 6 = - 5 + 1 + 10	- 6 = - 10 + 5 -1
+ 7 = - 5 + 2 + 10	- 7 = - 10 + 5 - 2
+ 8 = - 5 + 3 + 10	- 8 = - 10 + 5 - 3
+ 9 = - 5 + 4 + 10	- 9 = - 10 + 5 - 4